チャーリーはかせは、こどもたちに
木と　なかよしに　なってほしいと
いつも　おもっています。

きょうも　はかせは　森の中の　こうぼうで
木で　なにかを　つくっています。
なにが　できるのかな？

つぎの 日、ひかりえんに チャーリーはかせが やってきました。
おにわで あそんでいた ゆうとくんが いいました。
『あ！ チャーリーはかせだ！』
いっしょに あそんでいた しんちゃん りんちゃんも いいました。
『みて みて！ 大きな はこ！』
『なんだろう？』
『ほんとだ！ 大きな リボンが ついてるよ！』

チャーリーはかせは
『さあ わたしからの プレゼントだよ!』
と いいながら 大きな はこを あけました。

『あっ ロボットだ！』
『ひかりえんの はしらと おなじ 木で つくったんだ。
なまえは ロボ木ーだよ。
なかよく してあげて おくれ。』

『わあ！ ロボ木ーって なんだか いい においが するよ。』
『つるつるしてる！ すべすべだよ！』
『ほんとだ！ うでも あしも うごくんだ！』
『まゆげも うごくんだ！』

『あれ！ ロボ木ーは お口が ないね！』
『おはなも ないね～。』
『どうして ないのかなぁ。』

おひるねの　じかんに　なりました。
ゆうとくんの　おふとんの　すぐ　よこに
ロボ木ーが　立って　いました。
『ロボ木ーと　おしゃべり　できたら　いいなあ。』

ゆうとくんは クレヨンで ロボ木ーに
口を かきました。
すると・・・。

『こんにちは！　ゆうとくん！』
ロボ木ーが　おしゃべりを　はじめました。

『えっ！　どうして　ぼくの　なまえを　しってるの？』
『だって　みんなが　よんでたから・・・。
つみきさんも　いってるよ。
いつも　げんきいっぱいの　「ゆうとくん」　だって。』
『つみき？　つみきが　しゃべるの？』
『そうだよ。ぼくは　木で　できているものと　おしゃべりできるよ。
つくえさんだって　いすさんだって・・・。』

『ぼくは この はしらと おなじ ヒノキで できているんだ。』
『ヒノキって？』
『じょうぶで ながもちする 木なんだ。
おしろや おてらや じんじゃを たてるときも
つかわれているよ。
木には いろんな しゅるいが あるんだよ。
おにわに はえてるのは サクラさんと カエデさん。
それから マツさんと コウヤマキさん。』

『じゃあ、ヒノキさんは？』
『ひかりえんの　おにわには　ないみたい。
ぼくの　そだった　森には　たくさんあるよ。』
『ほんとう？　森に　いってみたいなぁ！』
『じゃあ　いこう！』

ゆうとくんを　せなかに　のせて、
ロボ木(き)ーは　あっと　いうまに　空(そら)に　とびあがりました。
『ゆうとくん　しっかり　つかまって　いてね！』

たくさんの おうちや ビル、
それから こうじょうの 上(うえ)を とんで
ロボ木(き)ーと ゆうとくんは 森(もり)に つきました。

『ゆうとくん。 森(もり)の 王さまに あいさつに いこう！』

森の 王さまは 大きな
大きな ヒノキでした。

『王さま、ただいま！
おともだちの ゆうとくんも
いっしょだよ。』

『ロボ木一、おかえり。
ゆうとくん、こんにちは。
よくきたね。
きょうは とくべつに
森の木と おはなしできる
ように してあげよう。』

ロボ木ーと　ゆうとくんは、
おちばの　じゅうたんの　うえを　あるきました。
ことりの　こえも　きこえています。
森の木たちが
『おかえり、ロボ木ー。こんにちは、ゆうとくん。』
と　あいさつを　してくれます。

『わあ！　これは　なあに？』
『きりかぶだよ。』
『この　ぐるぐるの　まるい　せんは　なあに？』
『ねんりん　というんだよ。
このせんの　ひとつが　森の木の　一年だよ。』

『いっしょに　かぞえてみよう。
1、2、3、4、5・・・・58、59、60。
60さいだ！　ぼくと　おなじだよ。』

『えっ。　ロボ木ーは　60さいなの？
じゃあ　ヒノキの　王さまは？』

『300さい　じゃよ。』
ヒノキの王さまの　こえが　上の　ほうから　きこえました。

ロボ木(き)ーは 上(うえ)を みあげました。
ゆうとくんも つられて みあげました。
空(そら) いっぱいに 木(き)の えだがひろがり、
そのむこうには お日(ひ)さまが かがやいて いました。

『ぼくたち 森の木は、はっぱに お日さまの ひかりを
あびて 大きくなるんだよ。』
『お日さまの ひかりに えいようが あるの？』
ゆうとくんが ききました。

『森の木はね、お日さまの ひかりと
空気と 水で えいようを つくることが できるんだよ。
「コウゴウセイ」って いうんだ。』

『森の木 だけでは ないよ、
りんごや チューリップ、おいもや おこめも
みんな コウゴウセイ をして 大きく そだつんだよ。』

『みどりの はっぱは お日さまの ひかりを あびて
空気の なかの ニサンカタンソ と ねから すいあげた 水で
コウゴウセイ をして サンソを出すんだよ。』

『サンソ？ ニサンカタンソ？』

『ゆうとくんやおともだちが いきをしているときは
サンソを すって ニサンカタンソを はきだしているんだよ。
ヒノキの 王さまは ３００ねんの あいだ まいにち まいにち
コウゴウセイ をして ずっと サンソを だしているんだ。』

ゆうとくんは　もういちど　しんこきゅうを　してみました。

『森の木さんたちの　おかげで
こんなに　森の　空気は　おいしいんだなあ。
森の木さん　ありがとう！』

ゆうとくんは『ひかりえんの　みんなと　いっしょに
森で　あそびたいな。』と　おもいました。

おひるねの　じかんが　おわって
ゆうとくんは　おふとんの　中(なか)で　めを　さましました。

『あれ？　ゆめだったのかな？』

ロボ木(き)ーを　みあげると
ゆうとくんに　にっこり　わらいかけました。

『チャーリーはかせ　ありがとう。
ぼくたち　いい　おともだちに　なれそうだよ。』

つづく

保護者のみなさまへ

　日本の森林面積率は70%で、フィンランド、スウェーデンに次ぐ世界第3位です。日本は世界でも有数の緑あふれる国なのです。森林は、動物、植物、菌類などさまざまな生命を育むゆりかごです。森林のおかげで、私たちは、良質な水や清らかな空気、豊かな土壌に恵まれています。

　一巻では、そのような森林で育まれる樹木が、花や果実と同じように、光合成によって育まれていることについて、お話ししています。

　光合成とは、太陽の光エネルギーにより植物の葉の細胞で炭水化物ができることをさします。樹木は、大きく針葉樹と広葉樹に分けることができますが、ここでは、日本の代表的な針葉樹、ヒノキを例に説明しましょう。

　樹木は、根から水や土壌中の養分をとりいれ、水を通す管である仮道管【水色の線】を通じて、枝に茂らせた葉まで運びます。葉では、水と空気中の二酸化炭素（CO_2）をもとに、太陽の光エネルギーを用いて光合成

① ヒノキの葉と球果

横山　操

を行います。光合成によって生産される炭水化物は、樹皮にある養分を通す管、師管を通り、樹体の各所に運ばれ、様々な生命活動に使われます。この炭水化物を使って、樹木の幹は、高くそして太く成長します。樹木の寿命は長く、例えば、ヒノキは、樹齢300年を超えるものも少なくありません。

こうして育った樹木の幹は木材として使われますが、木材として使っている間は、その中に炭素（C）化合物を閉じ込めたままなので、空気中の二酸化炭素増加を抑えています。

ロボ木ーの木、ヒノキ材は、芳香を放ち、見た目も美しく良質な材料として、日本では古くから好まれてきました。世界最古の木造建築、法隆寺五重塔では、創建時のヒノキの心柱が1300年たった今も使われており、とても丈夫で長持ちすることが知られています。

私たちは、森林、樹木そして木材を学ぶことで、未来の子どもたちに、豊かな自然と木のある暮らしを引き継ぎたいと考えています。

② ヒノキの葉（裏）

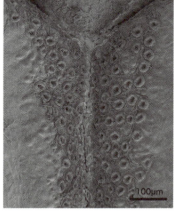
③ ヒノキの気孔帯

ヒノキの葉の裏側【②】（日光に当たらない方）には、白いYの字が見えます。白く見えるのは気孔帯【③】で、酸素や水蒸気を放出し、二酸化炭素を吸収する気孔が集まっています。

光合成

樹木は、呼吸で使う酸素より、光合成によって作り出す酸素の方が多いため、生物の呼吸や人間の生活で酸素が使われても、地球上の酸素がなくなることはありません。

● **監修者の言葉** / 山下晃功 (チャーリー博士・ロボ木一生みの親)

　緑の葉を茂らせた、樹木があふれる森は、豊かな自然を表すシンボルです。その樹体を形成している木材は再生可能で、地球と人に優しいかけがえのない有用な資源です。

　森にある樹木と、生活の中にある木材が、人と地球環境の身近な関連を幼児、小学低学年の子どもたちにも理解できることを願っています。そして、第一巻では森にある木、すなわち樹木について。第二巻は生活の中の身近にある木材としての木。第三巻は地球温暖化防止と木についてまとめました。

　成長を見守る親御さんや幼稚園、保育所、学校の先生方にも、この三冊の絵本から樹木、木材の光合成と炭素固定と地球温暖化防止のメカニズムを理解していただきたいのです。

　21世紀を生きていく子どもたちには、国産ヒノキ材でできた、主人公の「ロボ木一」と子ども達との楽しい会話、さらには、ロボ木一づくりをとおして、木材・光合成・炭素固定、地球温暖化防止を、より身近に感じながら学ぶことを切に期待しています。

　ところで、ロボ木一には口がありません。これは、「地球温暖化防止のためにこれ以上大気中の二酸化炭素を増やさない」というシンボルなのです。

● **この絵本を作った人たち**

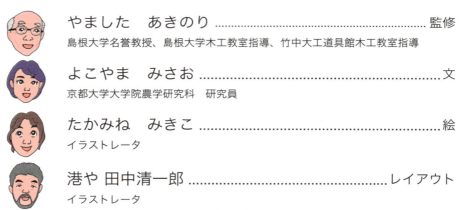

やました　あきのり .... 監修
島根大学名誉教授、島根大学木工教室指導、竹中大工道具館木工教室指導

よこやま　みさお .... 文
京都大学大学院農学研究科　研究員

たかみね　みきこ .... 絵
イラストレータ

港や 田中清一郎 .... レイアウト
イラストレータ

● **協　力**

一般財団法人 田部謝恩財団　　　高部圭司（京都大学大学院農学研究科）
島根大学教育学部附属幼稚園　　中西麻美（京都大学フィールド科学教育研究センター）
社会福祉法人 七光保育所　　　　酒井産業株式会社（http://www.kiso-sakai.com/）
社会福祉法人 善立寺保育園

ロボ木一®と森

発行日 /2015年3月30日 初版第1刷
定価 / カバーに表示しています

監修者 / 山下晃功
文 / 横山　操
絵 / たかみね　みきこ
発行者 / 宮内 久

海青社
〒520-0112 大津市日吉台 2-16-4
Tel 077-577-2677　Fax 077-577-2688
http://www.kaiseisha-press.ne.jp/
郵便振替 01090-1-17991

Copyright 2015　A. Yamashita, M. Yokoyama, M. Takamine